粮农组织 畜牧生产及动物卫生
手册

结节性皮肤病

·兽医实用手册·

联合国粮食及农业组织　编

作者

Eeva Tuppurainen
独立顾问

Tsviatko Alexandrov
保加利亚食品安全局 (BFSA)

Daniel Beltrán-Alcrudo
联合国粮食及农业组织（FAO）

农业农村部畜牧兽医局
中国动物卫生与流行病学中心　组译

宋建德　刘陆世　主译

联合国粮食及农业组织
中国农业出版社
北京，二〇二〇年

译者名单

组　译：农业农村部畜牧兽医局
　　　　中国动物卫生与流行病学中心

主　审：王功民　黄保续
主　译：宋建德　刘陆世
译　者：宋建德　刘陆世　朱　琳　高向向
　　　　李金明　赵肖璟　孙洪涛　王楷宬
　　　　庞素芬　姜　雯　邵卫星
主　校：康京丽　郑雪光　吴晓东　储岳峰
校　审：陈国胜　赵晓丹　刘　栋

前言

很久以来，结节性皮肤病（LSD）仅在撒哈拉以南非洲发生。然而，过去几十年里，它缓慢入侵了新的领土，首先席卷中东和土耳其，并自2015年以来蔓延到大多数巴尔干国家、高加索地区和俄罗斯联邦。尽管这些国家或地区作出了预防和控制努力，但该病仍在继续蔓延。该病对严重依赖牛的农村生产生活产生了显著影响，给受影响的农民造成了巨大的收入损失。这种疾病的存在引发了严格的贸易限制，对国家的影响也是毁灭性的。发病国家的邻国即将受到传染的风险也很高。

目前，那些已感染LSD或面临SLD传入风险的中东和欧洲国家兽医机构是首次面对该病。因此，官方兽医、养牛农民和价值链上的其他人对该病的临床表现、传播途径和可用的预防和控制措施等都不了解。这本手册的目的是填补这些空白，满足那些处于第一道防线的人，即在一线工作的最可能遭遇该病的人的需要。

作者衷心感谢为LSD研究做出贡献的全球科学界，以及在这一领域开展工作的国际组织，如世界动物卫生组织（OIE）、欧盟委员会（European Commission）和卫生与食品安全总局（DG Sante）、欧洲食品安全署（EFSA）、欧洲口蹄疫控制委员会（EuFMD）、国际原子能机构（IAEA）以及国家和国际参考实验室。最后，我们要感谢所有最近受该病影响的国家分享它们的经验，并帮助我们介绍控制和根除LSD的最佳做法。

该手册图片丰富，来自许多优秀的国际摄影师慷慨提供。粮农组织（FAO）感谢Stephen Ausmus、Tsviatko Alexandrov、Kris de Clercq、Bernard Dupont、Ignacio Ferre Pérez、Douw Grobler、格鲁吉亚国家食品局、诺丁汉兽医学院、Alfons Renz、J.C.A. Steyl和Eeva Tuppurainen等为我们提供图片。插图是由Tsviatko Alexandrov（图2）和Mirko Bruni（图1）所绘制。

该手册的内容主要由Bouna Diop（粮农组织）、Paolo Calistri（Istituto Zooprofilattico Sperientale Dell'Abruzzo e del Molise "G.Caporale"）和Arnon Shimshony（耶路撒冷希伯来大学科特兽医学院）审定；RyanAguanno和Cecilia Murguia协助制作了该手册。Christopher Matthews编辑和校对了本手册，Claudia Ciarlantini协调设计团队和Enrico Masci完成了该手册成品版式。

特别感谢起草、编辑和汇编手册的 Eeva Tuppurainen、Tsviatko Alexandrov 和 Daniel Beltrán-Alcrudo。

最后，由于匈牙利政府的慷慨资助（OSRO-RER-601-HUN 项目），该手册得以出版。

粮农组织欢迎任何反馈和评论。

Andriy Rozstalnyy

动物生产和卫生官员

联合国粮农组织

欧洲和中亚区域办公室

匈牙利，布达佩斯

缩略词

ADR	国际公路运输危险货物欧洲协定
CaPV	山羊痘病毒属
DIVA	感染动物与免疫动物鉴别
EFSA	欧洲食品安全署
EDTA	乙二胺四乙酸
ELISA	酶联免疫吸附试验
EMPRES	跨境动植物病虫害紧急预防系统
EMPRES-i	EMPRES 全球动物疫病信息系统
EuFMD	欧洲口蹄疫控制委员会
FAO	联合国粮食及农业组织（粮农组织）
FMD	口蹄疫
GEMP	良好应急管理规范
GPS	全球定位系统
GTP	山羊痘
GTPV	山羊痘病毒
IAEA	国际原子能机构
IATA	国际航空运输协会
IFAT	间接荧光抗体试验
IPMA	免疫过氧化物酶单层细胞试验
LSD	结节性皮肤病
LSDV	结节性皮肤病病毒
OIE	世界动物卫生组织
PCR	聚合酶链式反应
PPE	个人防护设备
SPP	绵羊痘
SPPV	绵羊痘病毒
TAD	跨境动物疫病

目录

前言
缩略词

1 简介 ··· 1

2 流行病学 ··· 3
2.1 病原 ·· 3
2.2 地理分布 ··· 3
2.3 易感宿主 ··· 4
2.4 传播 ·· 5

3 结节性皮肤病的临床症状和剖检变化 ·········· 7

4 鉴别诊断 ··· 15

5 疑似发病时养殖场采取的措施 ··············· 21
5.1 如何开展暴发调查 ··························· 22

6 样品采集和运送 ······························· 25
6.1 首选样品类型 ································· 25
6.2 一般要求 ······································· 25
6.3 样品的国内和国际运输 ····················· 29
6.4 样品发送和保存 ······························ 29

7 疑似病例的实验室确诊和可用的诊断工具 ····· 33
7.1 病毒检测 ······································· 33
7.2 抗体检测 ······································· 34
7.3 国家参考实验室的作用 ····················· 34

7.4 国际参考实验室（联系点和信息） ················ 34

8 结节性皮肤病的预防和控制 ················ 37

8.1 结节性皮肤病的预防 ················ 37
8.2 目前可用疫苗、有效疫苗的筛选，免疫策略和副反应 ········ 37
8.3 牛的移动控制 ················ 40
8.4 扑杀政策和尸体无害化处理 ················ 40
8.5 人员、养殖场和环境的清洗消毒 ················ 42
8.6 动物和环境中的昆虫控制 ················ 42
8.7 养殖场的生物安全措施 ················ 43
8.8 宣传活动的目标受众 ················ 43
8.9 监测计划 ················ 43

参考文献 ················ 45

图片目录

图1 报告LSD的国家 ……………………………… 4

图2 LSDV传播示意 ……………………………… 6

图3 某些LSDV飞行传播媒介 ……………………… 6

图4 南非硬蜱（*Amblyomma hebraeum*）采食 …… 6

图5 温和型LSD病例的特征性皮肤病变（全身）…… 8

图6 温和型LSD病例的特征性皮肤病变（颈部）…… 8

图7 严重感染奶牛，多处皮肤病变 ……………… 9

图8 严重感染奶牛，全身皮肤病变和淋巴结肿大 …… 9

图9 会阴部和生殖器皮肤病变 …………………… 10

图10 LSD严重病例，头、颈、四肢和全身皮肤病变 …… 10

图11 LSD严重病例，乳房和乳头皮肤结节 ……… 11

图12 乳头溃疡病变 ……………………………… 11

图13 鼻部和嘴唇溃疡性病变 …………………… 12

图14 结痂形成前的溃疡性皮肤病变 …………… 12

图15 吸引苍蝇的结痂皮肤病变 ………………… 13

图16 结痂、溃疡和疤痕等皮肤病变 …………… 13

图17 结膜炎和头部结节性皮肤病变 …………… 14

图18 内部器官病变 ……………………………… 14

图19 牛疱疹性乳头炎 …………………………… 16

图20 瘙痒性荨麻疹 ……………………………… 16

图21 乳头伪牛痘病变 …………………………… 17

图22 嗜皮菌病 …………………………………… 17

图23 蠕形螨病皮肤病变 ………………………… 18

图24 丘疹性口炎 ………………………………… 18

图25 贝诺孢子虫病 ……………………………… 19

图26 腹部盘尾丝虫病变 ………………………… 19

图27 临床检查 …………………………………… 22

图28 保加利亚发生疫情时采集唾液用于PCR检测 …… 27

图29 结痂是极好的样品材料，结痂脱落留下溃疡 …… 28

图30 从尾静脉采集的血液放置在真空采血管中，
用于PCR检测 ……………………………… 28

图31 感染性物质国际运输所用的标签 …………………… 31

图32 接种部位的局部反应 …………………………… 38

图33 免疫后皮肤表面常见病变 ………………………… 38

图34 免疫后乳房皮肤病变 …………………………… 39

图35 尸体深埋 …………………………………… 41

图36 LSD发生时消毒操作 ……………………………… 42

1 简介

结节性皮肤病（LSD）是一种由媒介传播的家养牛和亚洲水牛的痘病，其特征是皮肤出现结节。该病在非洲和中东呈地方性流行，2015年以来扩散到巴尔干地区、高加索地区和俄罗斯联邦南部。LSD疫情给感染国家造成了巨大的经济损失，虽然所有养牛业的利益相关者都因此遭受经济损失，但贫穷人口、小规模养殖户和家庭散养者受到的打击最大。该病严重影响牛的生产性能、产奶量和身体状况。它会损坏皮张，引起流产和不育。整群或部分扑杀的成本增加了直接损失，因该病而采取的牛的移动和贸易限制措施又增加了间接损失。

除了媒介传播外，LSD也可以通过食用污染的饲料或水、直接接触、自然交配或人工授精而传播。大规模免疫是限制该病传播的最有效方法。已有预防LSD的有效疫苗，使用得越早，疫情的经济影响可能越小。

本手册的目的是提高对LSD的认识，并为私营和官方兽医（临床和屠宰厂）、兽医辅助专业人员和实验室诊断人员提供关于早期发现和诊断的指导。

本手册的内容包括：LSD概述（包括临床症状、地理分布、流行病学、宿主范围和传播途径）；按发现LSD典型临床症状的牛（下文简称"疑似病例"）到鉴别诊断、剖检发现和实验室确诊等实用诊断方法的顺序介绍诊断方法。同时介绍可用于病毒和抗体检测的主要工具，以及从临床采集样品并将其运送到国家或国际参考实验室的建议；描述了养殖场发现LSD疑似/确诊病例后的控制和根除行动。此外，该手册还介绍了提高认识、疫情后监测等方面的内容。

该手册是粮农组织跨境动植物病虫害紧急预防系统（EMPRES）编制的系列手册之一，以满足预防牲畜的重大跨境动物疫病（TADs）之需。由于LSD对生产和当地生活的重要经济影响和对感染国家国际贸易的限制，其被列为跨境动物疫病（TADs）。此外，LSD可以迅速跨越国界传播并流行，因此需要在预防、控制和根除方面开展区域合作（OIE，2016）。

2 流行病学

通常情况下，LSD在流行地区间隔几年才会暴发流行。目前尚不清楚病毒是否存在特定的储藏库，也不清楚病毒在两次流行间隔期间是如何和在何地存活的。疫情发生通常有季节性特征，但也可能随时发生，因为在许多感染地区没有一个季节是完全无媒介的。

新生（即不免疫）动物数量持续增加、活跃的吸血昆虫数量充足以及动物不受控制的移动，通常是导致大规模LSD暴发的因素。原发病例通常与将新动物引入畜群或在畜群附近引入有关。

LSD发病率为2%～45%，死亡率通常低于10%。宿主的易感性取决于免疫状态、年龄和品种。一般来说，与非洲和亚洲本土动物相比，产奶量较高的欧洲品种牛更易感。通常，产奶量高的奶牛感染最严重。

实验和自然感染动物中通常能发现无症状的病毒血症牛。因此，在采取措施阻止LSD传播时，必须考虑那些有隐性感染病例的畜群，因为这些动物携带的病毒可通过吸血昆虫造成传播。来自感染地区的未免疫接种/无免疫力牛的移动是主要的传染风险。

2.1 病原

结节性皮肤病是由痘病毒科（Poxviridae）山羊痘病毒属（*Capripoxvirus*，CaPV）结节性皮肤病病毒（LSDV）引起的。LSDV与绵羊痘病毒（SPPV）和山羊痘病毒（GTPV）属于同一个属，这两种病毒关系密切，但在系统发育上有所不同。LSDV只有一种血清型，LSD、SPP和GTP病毒在血清学上有交叉反应。这种大的双链DNA病毒是非常稳定的，而且很少发生遗传变异。因此，对LSD而言，农场间传播不能像其他跨境动物疫病（如口蹄疫）那样，通过对病毒分离株进行测序来确诊。

2.2 地理分布

结节性皮肤病在除阿尔及利亚、摩洛哥、突尼斯和利比亚外的非洲地区广泛流行。自2013年以来，LSD已席卷中东（以色列、巴勒斯坦、约旦、黎巴嫩、科威特、沙特阿拉伯、伊拉克、伊朗、阿曼、也门、阿拉伯联合酋长国和巴林）。2013年，LSD也蔓延到土耳其，目前仍呈地方性流行；随后在阿塞拜疆（2014年）、亚美尼亚（2015年）和哈萨克斯坦（2015年）、俄罗斯联邦南部（达吉斯坦共和国、车臣共和国、克拉斯诺达尔边疆区、卡尔梅克共和国）和格鲁吉亚（2016年）暴发疫情。自2014年以来，LSD已传入塞浦路斯北部、希腊（2015年）、保加利亚、前南斯拉夫的马其顿共和国、塞尔维亚、黑山、阿尔巴尼亚和科索沃（2016年）。目前，LSD传入中亚、西欧和中东欧的风险在增加（图1）。

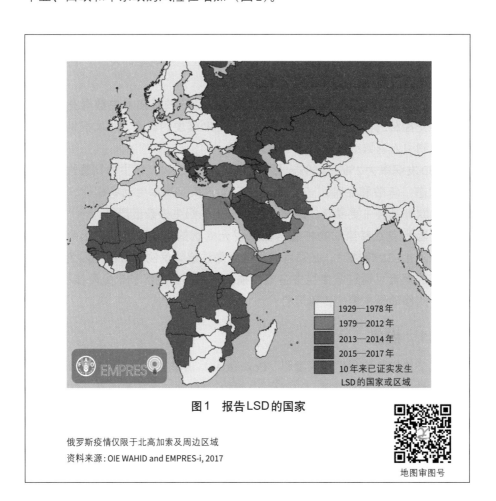

图1 报告LSD的国家

俄罗斯疫情仅限于北高加索及周边区域

资料来源：OIE WAHID and EMPRES-i, 2017

地图审图号

2.3 易感宿主

LSD是宿主特异性疫病，引起牛和亚洲水牛（*Bubalus Bubalis*）自然感染，但水牛的发病率（1.6%）显著低于牛（30.8%）（El-Nahas *et al.*,2011）。部分LSDV毒株可在绵羊和山羊体内复制。虽然牛、绵羊和山羊的混合群很常见，但迄今还没有关于小反刍动物作为LSDV的宿主的流行病学证据。实验感染黑斑羚（*Aepyceros Melampus*）和长颈鹿（*Giraffa Camelopardalis*）后，出现了 LSD 临床症状；也有阿拉伯羚羊（*Oryx Lucoryx*）和跳羚（*Antidorcas Marsupialis*）发病的报告。野生反刍动物的易感性及其在 LSD 流行病学中的可能作用尚不清楚。LSD 并不感染人。

2.4 传播

根据 LSD 首发病例往往可追溯到农场、地区甚至国家之间合法或非法移动牛的情况。事实上，牛的移动可使病毒传播很远的距离。当存在大量以牛为寄主的本地吸血昆虫媒介且这些媒介经常更换寄主时，会偶然发生 LSD 的短距离［相当于昆虫能飞的距离（通常是 50 千米）］传播。没有证据表明病毒可在媒介中增殖，但也不能排除。主要媒介可能因地理区域和生态系统的不同而有所不同。已经证明，常见的厩螫蝇（*Stomoxys Calcitrans*）、埃及伊蚊和一些非洲蜱类（*Rhipicephalus* 和 *Amblyomma* spp.）能够传播 LSDV（图 2 至图 4）。病毒从感染尸体通过昆虫传播给未免疫活动物是一种可能的风险，但还没有得到充分的研究。

直接接触被认为是无效的传染源，但可能会发生。感染动物可能只有几天的病毒血症，但在严重的情况下，病毒血症可能持续两周。口腔和鼻腔的皮肤和黏膜上出现病变的感染动物的唾液以及鼻、眼分泌物中排出传染性 LSDV，这可能会污染共用的喂食点和饮水点。到目前为止，直到感染后第 18 天，仍可在唾液和鼻腔分泌物中检测到有传染性的 LSDV。这些排泄物带毒时间到底多长需要开展更多研究。

有传染性 LSDV 在结痂内受到很好的保护，特别是当这些结痂从皮肤病变部位脱落时。虽然没有实验数据支撑，但在没有彻底清洗和消毒的情况下，自然或农场环境受到污染的时间可能会很长。临床经验表明，当 LSDV 感染农场采取扑杀措施后，再引入没有免疫力的牛时，这些牛会在一两周内感染 LSDV，这表明病毒要么存活于媒介或环境中，要么在两者中均有。

感染公牛的精液中带有这种病毒，因此自然交配或人工授精可能是造成母牛感染的原因。众所周知，受感染的怀孕母牛会产下带有皮损的小牛。这种病毒也可以通过感染牛奶或乳头皮肤病变等传播给哺乳犊牛。

在免疫接种或其他注射过程中，对不同动物或不同畜群如果不更换针头，则可能通过污染的针头发生医源性群内或群间传播。最终，受感染的动物可清除 LSDV 感染，目前还没有已知的 LSDV 携带者状态。

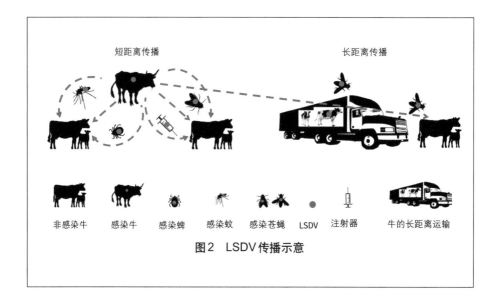

图2　LSDV传播示意

埃及伊蚊

厩螫蝇

图3　某些LSDV飞行传播媒介

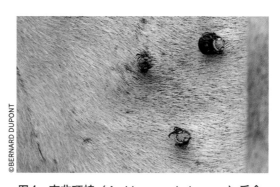

图4　南非硬蜱（*Amblyomma hebraeum*）采食

3 结节性皮肤病的临床症状和剖检变化

实验感染动物的潜伏期从4天到7天不等，但在自然感染的动物中，潜伏期可能长达5周。临床症状包括：

- 流泪和流鼻涕，通常首先观察到。
- 肩胛下淋巴结和股前淋巴结变大，容易触及。
- 高热（>40.5℃）可能持续大约1周。
- 产奶量急剧下降。
- 出现直径为10 ~ 50毫米的高度特征性皮肤结节病变：
  - 病变的数目从轻度病例中的少数病变（图5和图6）到严重感染动物的多处病变（图7至图10）不等。
  - 病变常发部位为头、颈、会阴、生殖器（图9）、乳房（图11和图12）和四肢皮肤。
  - 深层结节累及皮肤的所有层、皮下组织，有时甚至肌肉。
  - 口腔和鼻腔黏膜上的坏死斑引起脓性或黏液化脓性鼻分泌物和过多的流涎，含有高浓度的病毒（图13）。
  - 典型的，病变中心有溃疡并在上部形成结痂（图14，图15和图16）。
  - 皮肤结节可持续数月。
- 有时，单眼或双眼角膜发生疼痛性溃疡病变，严重时导致失明（图17）。
- 腿部和关节顶部的皮肤病变可能导致皮下深层感染，并伴有继发性细菌感染和跛行。
- 由病毒本身或继发性细菌感染引起的肺炎，以及乳腺炎是常见的并发症。
- 亚临床感染很常见。

当有多处皮肤病变的动物被送到屠宰厂时，剥皮后皮下病变清晰可见。

剖检时，可以在整个消化道和呼吸道以及几乎所有内部器官的表面发现痘病变（图18）。

图5 温和型LSD病例的特征性皮肤病变（全身）

图6 温和型LSD病例的特征性皮肤病变（颈部）

图7　严重感染奶牛，多处皮肤病变

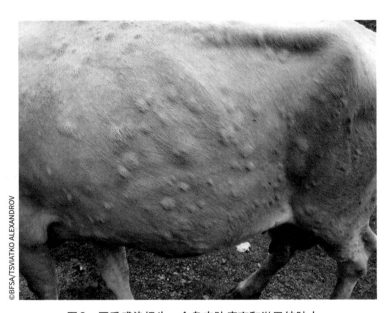

图8　严重感染奶牛，全身皮肤病变和淋巴结肿大

图9 会阴部和生殖器皮肤病变

图10 LSD严重病例，头、颈、四肢和全身皮肤病变

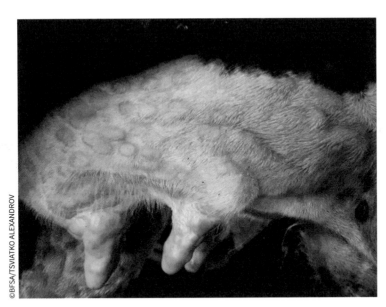

图11　LSD严重病例，乳房和乳头皮肤结节

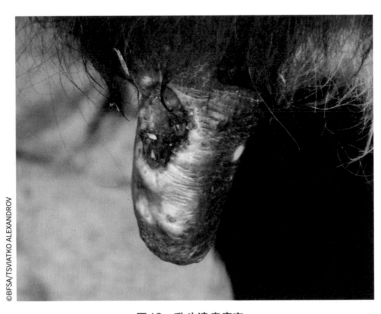

图12　乳头溃疡病变

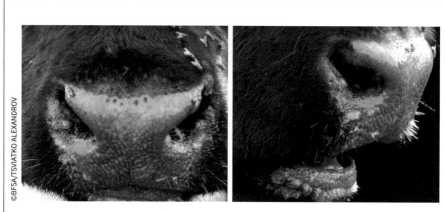

图13　鼻部和嘴唇溃疡性病变

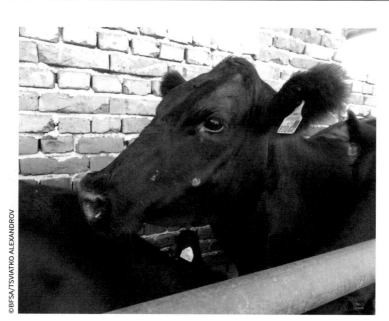

图14　结痂形成前的溃疡性皮肤病变

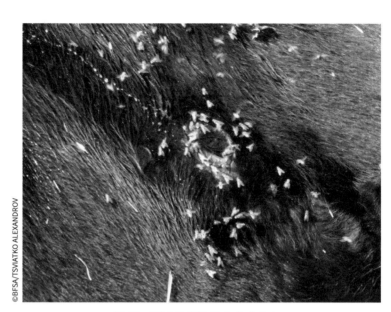

图15　吸引苍蝇的结痂皮肤病变

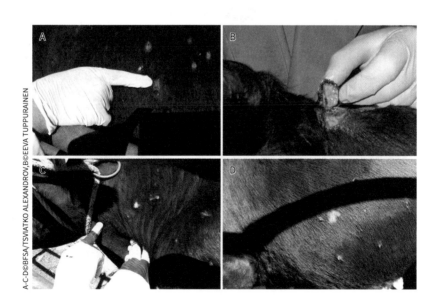

图16　结痂、溃疡和疤痕等皮肤病变

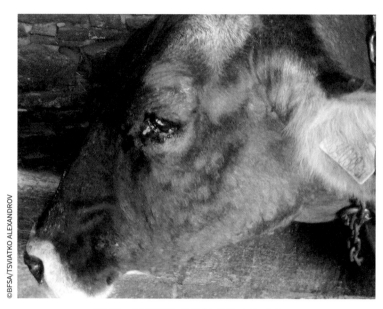

图17   结膜炎和头部结节性皮肤病变

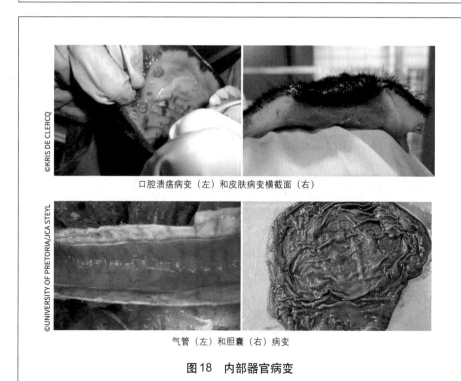

口腔溃疡病变（左）和皮肤病变横截面（右）

气管（左）和胆囊（右）病变

图18   内部器官病变

4 鉴别诊断

LSD重症病例特征非常明显，容易识别。但对于感染初期的轻度病例，即使经验最丰富的兽医也很难区分，需要进行实验室确诊。应对所有疑似病例进行采样，并采用快速和高度敏感的PCR方法鉴别真正的病例。需将下列疾病与LSD进行鉴别诊断：

- 伪结节性皮肤病/牛疱疹性乳头炎（牛疱疹病毒2型）（图19）：皮肤病变与LSD相似，但病变更浅、病程较短、病情较轻。可以通过PCR方法检测LSDV来排除该病。
- 蚊虫叮咬、荨麻疹和光敏症：皮肤病变与LSD相似，但病变更浅、病程较短、病情较轻（图20）。可以通过PCR方法检测LSDV来排除该病。
- 伪牛痘（副痘病毒）（图21）：病变仅发生在乳头和乳房。可以通过PCR方法检测LSDV来排除该病。
- 嗜皮菌病（图22）：早期癣病变，较浅表，明显不同，癣病变为非溃疡性表面结构。
- 蠕形螨病（图23）：皮肤病变主要发生在肩部、颈部、背部和腹侧，常伴有脱毛。可以通过皮肤刮片检测螨虫来排除该病。
- 牛丘疹性口炎（副痘病毒）（图24）：病变仅发生在口腔黏膜。可以通过PCR方法检测来排除该病。
- 贝诺孢子虫病（图25）：病变常发生于巩膜部结膜，皮肤病变可表现为脱毛、皮肤厚而起皱。可以通过PCR方法检测LSDV来排除该病。
- 盘尾丝虫病（图26）：皮肤病变最有可能发生在腹中线。可以通过PCR方法检测来排除该病。

此外，LSDV弱毒活疫苗（见第34～35页关于目前可用的疫苗）可能会引起牛轻微的不良反应，表现类似于临床LSD。

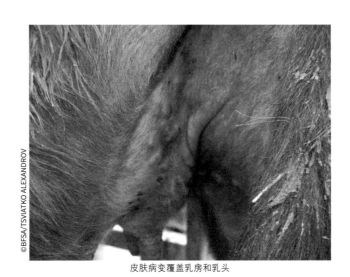

皮肤病变覆盖乳房和乳头

图19 牛疱疹性乳头炎

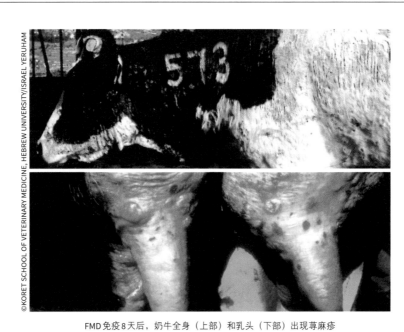

FMD免疫8天后，奶牛全身（上部）和乳头（下部）出现荨麻疹

图20 瘙痒性荨麻疹

图21　乳头伪牛痘病变

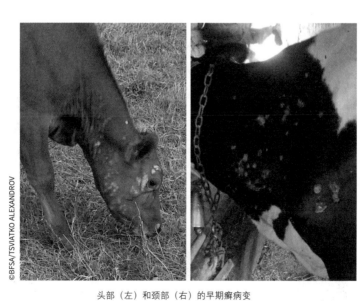

头部（左）和颈部（右）的早期癣病变

图22　嗜皮菌病

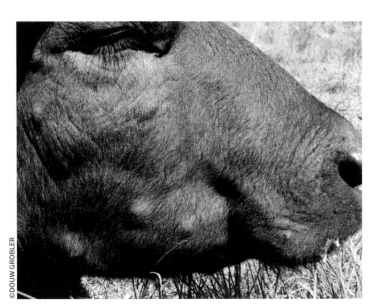

图23　蠕形螨病皮肤病变

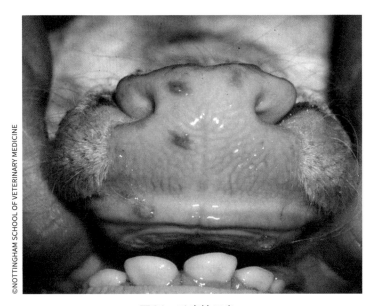

图24　丘疹性口炎

图25　贝诺孢子虫病

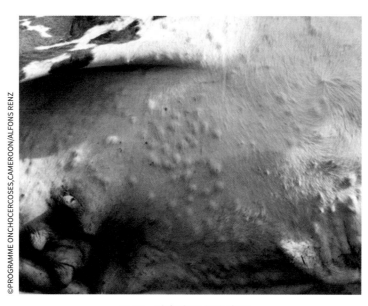

图26　腹部盘尾丝虫病变

5 疑似发病时养殖场采取的措施

如果畜主、私人兽医、动物交易人员、小卡车司机、人工授精员或任何其他访客发现疑似LSD病例，应立即通知兽医主管机构，官方兽医/兽医小组应对农场进行暴发调查（图27）。

在理想情况下，每个地方兽医办公室都应保存一套调查工具，以便参与调查的兽医人员能够毫不延迟地出发去进行调查。设备应包括数码相机、全球定位系统（GPS）装置和快速通信工具（通常是移动电话，但也可以是无线电台），以及收集和运输样品的消耗品和材料（粮农组织，良好应急管理操作[GEMP]，2011年）。感染农场采取的措施应包括：

- 如有可能，将疑似病例与其他牛群隔离开。
- 采集EDTA抗凝血和全血（用于分离血清样品）、唾液/鼻拭子和皮肤病变或结痂等样品用于实验室检测。在部分动物出现临床症状时，大约要采集5头动物的样品才能足够用于诊断。关于样品采集和运输的详细要求见第6部分描述。
- 立即组织将样品尽快送到国家参考实验室。
- 通知主管部门和参考实验室，您发送的样品可能含有传染性的LSD病毒并注明您发送的样品数量。
- 如有可能，通过在农场喂食和避免集体放牧，将其余的动物与邻近的畜群分开。
- 应通知邻近的农民，以及最近从感染农场购买或向其出售动物的人，并对他们加强监测，对其牛群（不论有没有临床症状）应进行抽样监测。
- 禁止该农场调出或调入牛，除提供必要服务外限制访客来访。
- 对剩余动物进行临床检查，并系统地记录检查结果（包括直肠温度），以确定是否已有动物处于潜伏期。提前准备好的表格可以帮助有效地记录检查结果。如果动物的数量较多，则需要确定检查动物的优先顺序。
- 用常用消毒剂对手、鞋和衣服进行消毒；当在家/办公室时，用60℃以上的水洗衣服。
- 对感染农场所用的设备和材料进行消毒，同时对车辆的车轮在农场出口处进行消毒。

格鲁吉亚发生LSD疫情时对动物进行检查

图27　临床检查

- 强烈建议对感染农场和邻近农场的动物使用针对性的驱虫剂，以此作为保护牛不受昆虫侵扰的辅助措施。
- 如果可能，把当天未完成的访问农场等兽医工作转交给同事。

5.1　如何开展暴发调查

为了采取有效且可行的策略来控制疫情以及监控相关活动的影响，收集、记录和分析关于LSD疫情的流行病学数据是至关重要的。在养殖者可能处于相当大压力的情况下，进行流行病学访谈需要一些特定的技巧。在集约化养牛场，与农场主相比，农场管理者和工人经常与动物有更多的日常接触。

暴发调查应优先考虑以下事项：

a）这种疾病已经存在了多长时间；

b）问题的严重程度：病例数、定义流行病学单元和风险群；

c）可能的传染源；

d）动物、人、车辆或可能传播该病的其他污染物的移动情况。

画出这一地区的地图，显示动物养殖场的位置、动物群体、出入口和边界等，通常是很有帮助的。

暴发调查还应包括以下数据：

- 畜群中的动物数量、疑似病例数量、估计病变时间；

- 可疑动物的来源、年龄、性别、品种、生产类型和接种情况；

- 与其他畜群的接触情况和共同放牧情况；与野生反刍动物的接触情况；

- 牛的移动记录：畜群中最近新引入的动物及其来源；从该畜群调出的动物及其目的地；

- 动物看管工作人员和其他来访者的流动情况；

- 最近的兽医治疗和牛的健康记录；

- 人工授精员的访问情况和种公牛的使用情况；

- 牛奶收集车辆；

- 动物交易人员/屠宰厂运输车辆访问情况：在访问该场前后访问过的其他养殖场；

- 可能的媒介活动情况、媒介繁殖地的存在情况（如湖泊、河流等）；

- 公路网、其他地理和气候数据；

- 应开展有关场所调查，并消除可能的媒介繁殖地。

6 样品采集和运送[*]

采样小组应携带足够数量的材料和设备（框1），以满足采样动物数量以及因其他原因可能损坏或无法使用材料的多余量（如失真空的真空容器等）所用。此外，数据采集设备、个人保护/生物安全设备和运输的样品必须进行包装。建议使用现场采样表格，以便现场收集所有需要的样品和相关信息。如果计划将样品提交给区域/国际参考实验室，建议采取重复样品，其中一份安全储存，另一份提交。

应使用适当的技术小心取样，以避免对动物造成过度的应激或伤害或对采样人员造成伤害。负责取样和进行临床检查的人员应事先接受保定牛的技术培训（包括临床检查和取样）。

所有尚未检测的样品都应被视为感染样品并进行相应处理。农场使用的所有取样材料应根据当地法规进行安全处置，例如：装袋并运回实验室进行高压灭菌/适当处置。

诊断实验室要求提交的合适样品具有清晰和永久性的标记，并且到达实验室时状况良好。

6.1 首选样品类型

皮肤病变和结痂、唾液或鼻拭子、用于PCR检测的EDTA血液、用于制备血清样品的全血。

6.2 一般要求

由于LSD具有高度特征性的临床症状，因此在田间通常不进行尸检。出现轻微病症的动物通常不会有内部病变，且因为外部病变非常明显，也不需要剖检严重病变的动物。因此，下面列出的要求是指采集活体动物样品时。

- 穿防护服。
- 保定或镇静动物，以避免应激或伤害，或对操作者带来危险。
- 无菌操作，避免样品之间交叉污染；对样品采集点进行消毒，更换针头、手术刀和手套。

---

[*] 改编自 Beltrán-Alcrudo *et al.*, 2017。

框1

采样材料*

通用材料

- 标签和永久标记。
- 数据收集表格、钢笔、夹纸写字板。
- 放置针头和手术刀等的锐器箱。
- 处理袋（可高压灭菌）。

个人保护设备（PPE要求会有所不同，例如监测与暴发调查）

- 专用服装（防护服）。
- 橡胶靴。
- 靴套。
- 手套。
- 面罩。
- 护目镜，用于保护眼睛。
- 手部消毒剂。
- 靴子消毒剂。

样品运输所需材料

- 主要容器/试管/小瓶（防漏并有清晰标签）。
- 吸收材料。
- 能够承受95kPa二次包装的可密封（防漏）容器或袋子，最好是塑料的，用于储存动物样品的容器和储存血液的试管。
- 冷藏箱（+4℃），插电（最好可车载供电）或其他的，如装有冷却材料（冰、冷冻水瓶装水或冰袋，视情况而定）的聚苯乙烯泡沫塑料盒。一些市售的具有特殊凝胶的冰袋能够维持样品所需的温度。
- 只有在远离实验室的地方进行采样时，才需要携带便携式−80℃冷冻柜/干货运输箱/液氮罐。

在运输诊断样品时，始终保持"三层"包装结构是很重要的。

活动物采样所需材料

- 限制（保定）动物的材料。
- 清洗采样部位的脱脂棉和消毒剂。
- 用于收集血清的不含抗凝剂（红色盖）的无菌真空采血管（10毫升）。
- 用于采集全血的装有EDTA（紫色盖）的无菌真空采血管（10毫升）。
- 真空采血管和配套针头，或者10～20毫升注射器。不同规格的针头应足以避免溶血。
- 拭子。
- 如果要从活体动物身上采集全层皮肤样本，则需要注射用局部麻醉剂、一次性取样器或手术刀以及缝合材料。

尸体采样所需材料

- 装冻存管的样品架或冻存盒。
- 适合采集靶器官的适当大小的无菌冻存管（如果冷链不可选，可以预装培养基用于样品保存）。
- 刀、磨刀器、剪毛剪刀、手术刀和刀片、镊子和剪刀。
- 带有消毒剂的容器，用于消毒刀和剪刀等（不同器官和不同动物间所用时），以避免交叉污染。
- 牢固密封的塑料罐，装有10%中性缓冲福尔马林（器官体积与福尔马林体积比为1:10）。
- 合适的尸体处理材料。

---

* 改编自Beltrán-Alcrudo *et al.*, 2017。

- 使用无菌拭子收集唾液和鼻拭子并放入无菌试管中用于运输，有或没有运输介质均可（图28）。
- 如果您通过手术采集皮肤病变的全厚度样本，请使用局部环阻滞麻醉；可以使用直径为16～17mm的一次性活检穿孔器。
- 结痂是极好的样品材料，因为它们易于收集，不需要动物镇静或局部麻醉，能在不同温度下长时间运输并且含有高浓度的病毒（图29）。
- 从颈静脉或尾静脉（尾静脉）采集血液样本。

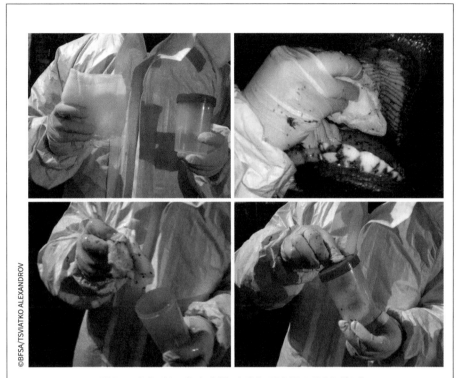

图28 保加利亚发生疫情时采集唾液用于PCR检测

- 采集足够量的血液：PCR检测至少需要采集4毫升血液于加EDTA抗凝剂（紫色盖）的真空采血管中（注意：肝素可能妨碍PCR检测）（图30）。没有加抗凝剂的采血管用于采集血清样品。管子应该完全填满。

- 采集后，应将不含抗凝剂的试管在室温下直立放置至少1～2小时，以使凝块开始收缩；然后用无菌棒去除凝块，并将试管在4℃下储存12小时。血清可以用移液器移取或倒入新试管中。如果需要澄清的血清，可以将样品低速[1000g/（2000r/min）]离心15分钟后获取。可以间隔7～14天采集配对双份血清进行检测。

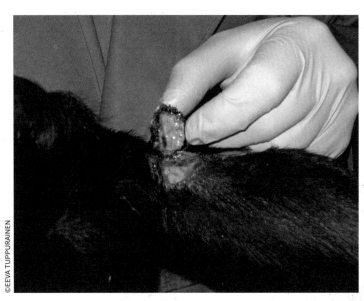

图29　结痂是极好的样品材料，结痂脱落留下溃疡

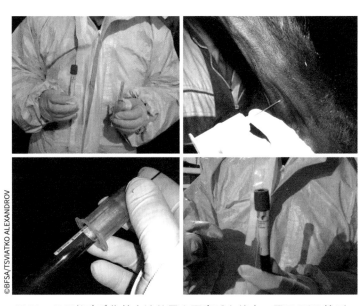

图30　从尾静脉采集的血液放置在真空采血管中，用于PCR检测

6.3 样品的国内和国际运输

诊断 LSD 是当务之急。为了正确诊断疾病，必须选择正确的样品，仔细标记、包装，并在最合适的温度下使用最快的运输方式、选用最直接的路线送到实验室。

样品必须附有送样表格，所需填写的信息因实验室而异。它有助于在取样之前给实验室打电话，以确保遵循正确的送样程序以及预想的样品数量能够在合适的时候被分析和储存。

通常，送样表应包含以下信息：

- 样品的数量、类型以及来源动物；
- 样品编号 ID（每个 ID 必须能够对应来源动物的每个样品）；
- 养殖场所有人、名称、养殖类型；
- 采样地点（地址、县、区、省，原产国）；
- 送样人的姓名；
- 检测结果接收人的姓名；
- 需要进行的检测；
- 观察到的临床症状，大体病变；
- 简短的流行病学描述：发病率、死亡率、感染动物数量，以及发病经过、涉及的动物等；
- 可能的鉴别诊断。

即使是公路运输，也应使用三重包装。有关三重包装特征的详细信息，请参见"国际运输"。

6.4 样品发送和保存

6.4.1 国内运输

将样品运送到最近的实验室时必须遵守国家法规，即使样品是由兽医服务人员运输的。

样品应尽快到达检测实验室，以防止样品变质并确保结果可靠，并防止样品和保存环境在运输过程中受到污染。运送的样品必须用足量的冷却材料（如冰袋），以防止变质。

确保执行以下操作：

- 如上所述填写送样表格。
- 使用防水标记单独标记样品；如果使用标签，请确保它们保持黏附并适合在 $-80 \sim -20$℃储存。

- 在运输到实验室过程中，使用带冰块或冷冻块的冷藏箱确保样品保持低温。
- 应使用防渗漏（最好是三层）且内部有吸收材料的容器送样。

A.血液、唾液拭子和组织样本。如果运输时间不超过48小时，应保持在2～6℃，如果超过48小时则应保持在−20℃。

B.血清样品。如果运输时间少于5天，则样品可以保持在2～8℃冰箱中。如果超过5天，应移除血凝块并将样品储存在−20℃。

6.4.2 国际运输

传染性样品的国际转运通常是昂贵且耗时的。国家兽医管理部门评估是否需要将样品送到国际参考实验室进行实验室确诊。如果需要，国家参考实验室负责组织样品运输，通常由专门从事危险货物运输的快递公司负责。

在欧洲，需遵守的相关法规是《国际公路运输危险货物欧洲协定》（ADR）；对于其他地区，必须遵守国家法规。如果没有其他法规，则应遵循2016年OIE《陆生动物诊断试验和疫苗手册》（第1.1.2和1.1.3节）中规定的危险品运输范本法规。

潜在的LSDV感染样本被归类为B类感染物质（分类6.2），必须遵循IATA包装说明650（UN3373，B类）。禁止将感染性物质作为携带行李、托运行李或其他个人携带物进行运输。

在发送样品之前，必须通知参考实验室联系人且商定运送详情。必须从参考实验室获得进口许可证，并将其包含在样品运送文件中。

接收样品的参考实验室需要以下数据：

- 航班号/空运单号；
- 快递追踪单号；
- 预计到达机场或实验室的日期和时间；
- 两名联系人以及接收检测结果联系人的详细信息（姓名，电话号码，传真号码，电子邮件地址）；
- 填写好的送样表/自荐信。

以下文件必须装在防水封套中随样品包装，置于在二级包装和外包装之间，并在包装外面粘贴：

- 接样实验室的进口许可证；
- 送样表/说明文件；
- 内容物清单，包括样本类型、数量和体积；
- 空运单；

- 形式发票，表明样品没有商业价值。

在大多数情况下，需要使用干冰来保持样品冷冻，因为运输（包括海关手续）通常超过5天。

B类样品需要在三层容器内运输。主容器（防漏、防水和无菌）装样品。每个样品容器的盖子必须用胶带或封口膜密封，并用吸附材料包裹。几个密封的、包裹的主容器可以放置在一个二级容器中。

二级防漏容器应含有足够量的吸附材料。它通常由塑料或金属制成，需要满足IATA要求。由于存在爆炸危险，干冰不能放入二级容器内。

所需标签必须贴在坚固的外层（第三层）上，内部有足够的缓冲材料或干冰。应附上以下标签（图31）：

（1）感染性物质/危险标签，说明该包装内含有"B类生物材料"——无商业价值的动物诊断标本（危害动物健康，不危害人）。

（2）发件人的全名、地址和电话号码。

（3）收件人的全名、地址和电话号码。

（4）了解货物的负责人的全名和电话号码。负责人：姓名，电话号码。

（5）标签注明"4℃保存"或"−70℃保存"，视情况而定。

（6）干冰标签（如果使用）和干冰的正确运输名称，后标记"作为冷却液"字样。必须清楚地标明干冰的净量（千克）。

（7）联合国编号。

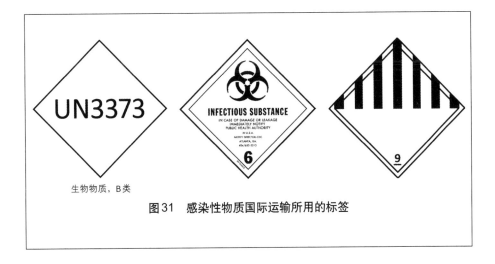

图31　感染性物质国际运输所用的标签

7 疑似病例的实验室确诊和可用的诊断工具

7.1 病毒检测

7.1.1 基本诊断试验

提供LSD诊断服务的国家参考实验室应参加由国际参考实验室或其他相关机构组织的年度实验室间能力测试试验。

几种高度敏感、经过充分验证的实时和常规PCR方法是可用的，并且广泛用于检测山羊痘病毒属（CaPV）DNA的存在，例如：Bowden *et al.*，2008; Stubbs *et al.*，2012; Ireland & Binepal，1998; Haegeman *et al.*，2013; Tuppurainen *et al.*，2005; Balinsky *et al.*，2008。

但这些分子方法不能区分LSDV、SPPV（绵羊痘病毒）和GTPV（山羊痘病毒），也不能确认病毒是否仍具有传染性。总体来说，这些试验的性能非常好。电子显微镜检查也可用于初步诊断，但并不常见。可以使用牛或绵羊来源的各种细胞培养物来分离活病毒。

欧洲食品安全署关于LSD的《科学意见》（EFSA，2015）描述了对不同基质中感染性病毒的监测。

7.1.2 野毒株与LSDV弱毒疫苗株的鉴别

如果接种LSDV弱毒疫苗的牛出现LSD特征性临床症状，则可以使用分子学试验来确定致病因子是野毒株还是疫苗对接种动物造成的不良反应（Menasherow *et al.*, 2014; Menasherow *et al.*, 2016）。此外，也可以对特定基因或基因片段进行测序（Gelaye *et al.*，2015）。

7.1.3 LSDV，SPPV和GTPV的鉴别

有时，在用含有减毒SPPV或GTPV的疫苗接种的牛中发现LSD的临床症状。在这种情况下，应检查疫苗是否提供保护，以及临床症状是否由LSDV野毒引起。有时，虽然很少见，但SPP疫苗病毒本身可能会引起不良反应。

种特异性PCR方法可以区分LSDV、SPPV和GTPV（Lamien *et al.*，2011a; Lamien *et al.*，2011b; Le Goff *et al.*，2009; Gelaye *et al.*，2013）。

如果在LSD、SPP和GTP（所有山羊痘病毒属成员）都流行的国家的野生反刍动物中发现典型的LSD临床症状，种特异性试验也是有价值的工具。

最近，发表了一种能够区分8种在医学和兽医学上有重要意义的痘病毒的方法（Gelaye *et al.*，2017）。这种方法可以区分LSDV、SPPV和GTPV，也能够鉴别LSD、牛丘疹性口炎、伪牛痘和牛痘。

7.2 抗体检测

通常，以前感染或免疫动物的免疫状态与血清中和抗体水平并不直接相关。血清阴性动物可能在某些时候被感染，而且在所有免疫动物中抗体水平并不总是升高。

在出现临床症状后约1周，中和抗体水平开始上升，2 ～ 3周后感染动物的抗体水平达到最高；然后抗体水平开始下降，最终降至可检测量以下。

在持续暴发期间，大多数感染动物的血清阳转，血清样本可以使用血清/病毒中和试验、免疫过氧化物酶单层细胞试验（IPMA）（Haegeman *et al.*，2015）或间接荧光抗体试验（IFAT）进行检测（Gari *et al.*，2008）。LSD ELISA试剂盒很大可能将很快商业化。

在流行间歇期（即两次流行之间的间隔期/年），血清学监测会有困难，因为针对LSDV的长期免疫主要是细胞介导的，并且目前可用的血清学检测方法可能不足以检测轻度和持续期较长的LSDV感染。

7.3 国家参考实验室的作用

快速的实验室确诊对成功控制LSD疫情至关重要。 因此，在所有感染或有风险的国家，应建立初步检测并诊断LSDV感染的能力，以便可以毫不延迟地实施控制和根除措施。

7.4 国际参考实验室（联系点和信息）

欧盟LSD参考实验室

比利时联邦农业与化学研究中心（CODA-CERVA）

Dr Annebel De Vleeschauwer（annebel.devleeschauwer@coda-cerva.be）

Dr Kris De Clercq（kris.declercq@coda-cerva.be）

Groeselenberg 99

1180 布鲁塞尔

比利时

电话：+32 2 379 04 11   传真：+32 2 379 04 01

E-mail: eurl-capripox@coda-cerva.be

世界动物卫生组织（OIE）LSD参考实验室

南非Onderstepoort兽医研究所

农业研究理事会

Dr David B. Wallace（WallaceD@arc.agric.za）

Private Bag X05

Onderstepoort   0110

南非

电话：+27 12 529 91 17   传真：+27 12 529 94 18

英国Pirbright研究所

Dr Pip Beard（pip.beard@pirbright.ac.uk）

Ash Road, Pirbright

Woking, Surrey, GU24 0NF

英国

电话：+44 1483 232441   传真：+44 1483 232448

8 结节性皮肤病的预防和控制

有关可用策略的更多信息，请参阅粮农组织关于在东欧和巴尔干地区可持续预防、控制和根除 LSD 的建议。

8.1 结节性皮肤病的预防

- 提前对风险区域的全部牛群进行预防性免疫接种是最好的保护。
- 严格控制或完全禁止牛的国内和跨境移动。批准的牛群移动应附有兽医证书，包括有关动物来源和动物健康证明的所有数据。
- 在感染村庄，如果没有动物福利问题，应避免共同放牧，将牛群与其他畜群分开。但是，在整个村庄形成一个单一的流行病学单元的某些情况下，那么就必须逐例评估隔离的可行性。
- 在确定已经建立完全免疫保护（有效疫苗接种后 28 天）后，可以允许免疫动物在一个国家内的限制区内移动。
- 牛应定期驱虫，以尽量降低媒介传播疾病的风险。这项措施不能完全阻止传播，但可能会降低风险。

8.2 目前可用疫苗、有效疫苗的筛选，免疫策略和副反应

目前只有 LSDV 活疫苗可用。没有研制出能够区分野毒感染动物与疫苗免疫动物（DIVA）的疫苗。在非洲，已授权活疫苗用于牛，但目前在其他感染地区使用之前需要特定的授权。

建议感染国家每年都进行免疫，并在各地区开展统一的免疫活动，以提供最佳保护。未免疫母牛所生犊牛可以在任何年龄接种疫苗，但免疫过或自然感染过 LSDV 母牛所生的犊牛应该在 3 ～ 6 月龄期间接种疫苗。

建议区域开展统一的免疫，并应在大规模牛群移动之前进行，例如在季节性放牧开始之前。

减毒的 LSDV 活疫苗可能引起牛的轻微不良反应。疫苗接种部位的局部反应（图 32）是常见且可接受的，因为它表明减毒疫苗病毒正在复制并产生良好的保护作用。常见的不良反应包括暂时性发热和产奶量短暂下降。有的动物可能表现轻微的全身性反应。然而，由弱毒株引起的皮肤损伤通常是浅表的，明显更小，并且与强毒力野毒株引起的不同（图 32 至图 34）。它们在 2 ～ 3 周内消失，不会转化为坏死性结痂或溃疡。

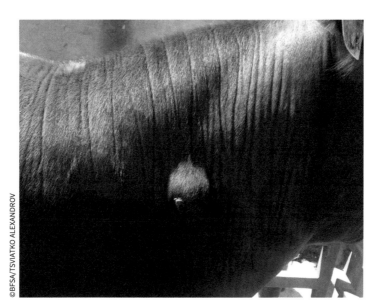

图32　接种部位的局部反应

图33　免疫后皮肤表面常见病变

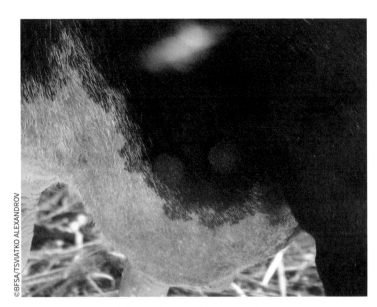

图34 免疫后乳房皮肤病变

在临床上，当病毒在某地区已经广泛扩散时，通常才开始接种疫苗。疫苗接种后产生完全保护大约需要3周时间。在此期间，虽然已经接种了疫苗，但牛仍然可能被野毒感染并表现临床症状。有的动物也可能在接种疫苗时已被感染而处于潜伏期，这种情况下通常在疫苗接种后10天内出现临床症状。

8.2.1 LSDV弱毒疫苗

目前，有三家疫苗生产商生产LSDV弱毒疫苗。如果免疫密度能够达到80％，LSDV弱毒疫苗就可以为牛提供良好的保护。在实践中，所有牛都需要进行免疫，包括小牛犊和怀孕母牛。区域免疫接种应优选环形免疫。

8.2.2 SPPV弱毒疫苗

在LSD和SPP都流行的区域，使用绵羊痘病毒疫苗对牛进行免疫接种，以预防LSD。由于SPPV疫苗对LSDV仅能提供部分保护，因此应根据在受控环境中开展LSDV攻毒实验证明的疫苗效果来选择疫苗。

如果证明SPPV / GTPV疫苗具有可接受的功效，只要采取其他合适的控制措施且免疫覆盖面完全，就可以使用SPP疫苗。

8.2.3　GTPV弱毒疫苗

已经证明商业化的GTPV Gorgan毒株能够与LSDV疫苗一样对LSD提供相同的保护（Gari *et al.*，2015）。在GTP和LSD都存在的国家，GTPV Gorgan疫苗是一种良好的、具有成本效益的选择。

8.3　牛的移动控制

未接种疫苗的牛的移动是疾病传播的主要风险因素。在LSD暴发期间，应严格监管牛的移动，但在实践中，有效控制通常很难。应该有适当的法律权力，允许兽医管理部门在发现任何非法运输牛的情况下立即采取行动。

在怀疑和/或确诊疫病后，必须立即禁止活牛贸易。在许多地区，尽管采取限制措施，但未经授权的跨境贸易仍然会发生，这说明了区域免疫的重要性。非法移动应受到严厉处罚。

在实行游牧和季节性放牧的地方，牛应该在移动前至少28天接种疫苗。疫情发生期间不允许未免疫的种畜移动。

屠宰感染LSD牛的工作应在限定区域内的屠宰厂进行，以免这些牛在运送到其他地方后，又被当地吸血飞行虫媒叮咬而进一步传播LSDV。

8.4　扑杀政策和尸体无害化处理

在许多感染国家，已实施全部或部分扑杀政策。在资源有限的国家，任何类型的扑杀都是负担不起的。专家和决策者广泛讨论了这些方法的效果。根据欧洲食品安全署关于LSD的紧急建议，疫苗接种对减少LSDV传播的影响大于任何扑杀政策（EFSA，2016）。

扑杀政策应始终与合理的补偿政策相结合。如果没有及时和足额的补偿，养牛人可能会反对扑杀他们的动物，导致减少报告和通过非法移动受感染动物而传播疾病。在任何决策中都应考虑扑杀政策对农民生活的长期影响、公众认知和媒体参与。

如果在一个国家或特定地区首次发现疾病就立即通报且反复传入的威胁较低，那么全部扑杀策略成功的机会最大，并且是切实可行的。

由于识别特别轻微和早期病例可能极具挑战性，因此从初始感染到发现疫病可能会跨越数周，这期间病毒可能通过媒介传播。此外，所涉及的流行病学单元可能经常是整个村庄而不是单一农场，这样就降低了全部或部分扑杀政策的效果。仅扑杀有临床症状动物的部分扑杀政策可能会降低传染性，但不太可能结束疫情。

　　不论选择哪种扑杀政策，在感染地区使用有效疫苗进行及时的大规模免疫接种都能够完全控制疫情。但是，如果结合全部扑杀措施，则疫苗接种效果会更加明显。

　　实施扑杀政策时，扑杀和尸体的无害化处理应尽快完成并符合所有动物福利和安全要求。深埋或焚烧的无害化处理方法应遵循国家环保规定。在一些国家，可能根本不允许这些做法。

　　扑杀牛的最合适方法是注射巴比妥酸盐或其他药物，其次是致晕枪击晕、穿刺或枪击。根据国家操作规程，应采用深埋（图35）、焚烧或化制等方式对尸体进行无害化处理。

　　重要的是，无论选择何种扑杀政策，都应始终将严重感染的动物从畜群中剔除，因为它们是叮咬和吸血媒介的持续污染源。任何出现LSD临床症状的动物都不能送到屠宰厂屠宰，而是应该在现场或合适的化制厂进行扑杀和无害化处理。应记住，农民用健康的免疫动物取代被淘汰动物恢复生产而获益通常需要几个月，并且也不太可能恢复到与LSD感染前相同的生产水平。

图35　尸体深埋

8.5　人员、养殖场和环境的清洗消毒

　　结节性皮肤病病毒非常稳定，在 pH 6.3 ～ 8.3 的极冷和干燥环境中都能很好存活。感染动物的皮肤能脱落结痂。结痂内病毒的感染性可能会持续几个月。

　　应使用合适的产品对感染农场、卡车、养殖场和可能受污染的环境进行彻底清洗和消毒 (图 36)。人员也应进行消毒。

　　尽管 LSDV 对大多数消毒剂和洗涤剂敏感，但为了有效地净化动物设施和养殖场所，需要事先机械去除如污垢、粪便、干草和稻草等。选择的消毒剂必须能够穿透环境中感染性病毒周围的任何有机物质。粮农组织在《采取扑杀措施根除动物疫病手册》（FAO，2001）中提供了对养殖场、设备和环境进行净化的实用建议。

8.6　动物和环境中的昆虫控制

　　有效控制牛舍或畜舍的昆虫可能会降低 LSDV 机械传播的速度，但不能完全阻止其传播，特别是在牛自由放牧或饲养在围栏牧场的情况下。 如果将牛永久饲养在室内，可以考虑使用防蚊网。应用合适的驱避剂可以短时间保护牛免受昆虫和蜱的侵害。

　　使用杀虫剂时，需要考虑牛奶和肉类的停药时间。不推荐在环境中大规模使用杀虫剂，因为它可能对生态平衡和其他有用的昆虫如蜜蜂有害。而且，对环境的风险尚未完全了解。

　　限制媒介繁殖场所（如静止水源、泥浆和粪便）以及改善圈舍的排水情况是减少牛群及其周围环境的媒介数量的可持续、负担得起、环境友好型方法。

图 36　LSD 发生时消毒操作

8.7　养殖场的生物安全措施

如果LSD进入一个国家，则应考虑各种情况下流行病学单元的限制，将农场生物安全提高到最高可行水平。由于疾病通过媒介传播，这些措施可能无法完全阻止其入侵，但可以降低风险。

购入已处于疫病潜伏期或有病毒血症但没有表现任何症状的新动物是将疫病引入一个易感群体的主要风险。因此，应该限制将新动物引入畜群。存栏动物只能从可信赖的来源购买。新动物在移动和到达之前，应进行检查并明确其无临床症状，并应与畜群至少分开/隔离28天。

访问农场应仅限于在限定设施的入口处提供必要的服务，且准入区域也应受到限制。进入农场时，所有访客车辆和设备应在冲洗处进行清洗。还应清洗鞋靴，或者穿上鞋套。进入农场的访问者应穿干净的防护服。

8.8　宣传活动的目标受众

宣传活动应针对（一线和屠宰厂）官方和私人兽医、兽医专业学生、农民、牧民、牲畜贸易商、运输牛的卡车司机和人工授精人员等。运输牛的卡车司机在农场、屠宰厂、集散地和休息站识别感染动物特别重要，发现任何临床疑似情况应尽快通知兽医管理部门。

8.9　监测计划

监测计划基于主动和被动临床监测，以及对从疑似病例采集的血液样本、鼻拭子或皮肤活检组织进行的实验室检测。

由于没有针对LSD的DIVA疫苗，血清学监测在对全部牛群进行免疫的感染国家或地区中并没有用处。不过，在与感染地区接壤或邻近的无疫地区调查未免疫牛群中是否存在未发现/未报告的疫情时，可以使用血清学方法。在这些地区，存在血清学阳性动物就可视为最近发生疫情。

参考文献

Balinsky C.A., Delhon G., Smoliga G., Prarat M., French R.A., Geary S.J., Rock D.L. & Rodriguez L.L., 2008. Rapid preclinical detection of sheeppox virus by a real-time PCR assay [J]. J. Clin. Microbiol., 46 (2): 438–442.

Beltrán-Alcrudo D., Arias M., Gallardo C., Kramer S. & Penrith M.L., 2017. African swine fever: detection and diagnosis – A manual for veterinarians . FAO Animal Production and Health Manual No. 19 [M]. Rome: Food and Agriculture Organization of the United Nations (FAO).

Bowden T.R., Babiuk S.L., Parkyn G.R., Copps J.S. and Boyle D.B., 2008. Capripoxvirus tissue tropism and shedding: A quantitative study in experimentally infected sheep and goats [J]. Virology, 371 (2): 380–393.

Bowden T.R., Babiuk S.L., Parkyn G.R., Copps J.S. and Boyle D.B., 2008. Capripoxvirus tissue tropism and shedding: A quantitative study in experimentally infected sheep and goats [J]. Virology, 371: 380–393.

EFSA AHAW Panel (EFSA Panel on Animal Health and Welfare), 2015. Scientific Opinion on lumpy skin disease [J]. EFSA Journal, 13 (1):3986. doi:10.2903/j.efsa.2015.3986.

EFSA, 2016. Urgent advice on lumpy skin disease. EFSA Panel on Animal Health and Welfare [EB]. ADOPTED: 29 July 2016. EFSA Journal. doi: 10.2903/j.efsa.2016.4573. https://www. efsa. europa.eu/en/efsajournal/pub/4573 .

El-Nahas E.M., El-Habbaa A.S., El-Bagoury G.F. and Radwan M.E.I., 2011. Isolation and identification of lumpy skin disease virus from naturally infected buffaloes at Kaluobia, Egypt [J]. Global Veterinaria, 7: 234-237.

FAO, 2001. Manual on procedures for disease eradication by stamping out . In: FAO Animal Health Manual [EB]. http://www.fao.org/docrep/004/Y0660E/Y0660E04.htm. Accessed 4 Jan 2017.

FAO, 2011. Good Emergency Management Practices: The Essentials [M]. Edited by Honhold, N., Douglas, I., Geering, W., Shimshoni, A., & Lubroth, J. FAO Animal Production and Health Manual No. 11. Rome: Food and Agriculture Organizaion of the United Nations (FAO).

Gari G., Abie G., Gizaw D., Wubete A., Kidane M., Asgedom H., Bayissa B., Ayelet G., Oura C., Roger F. & Tuppurainen E., 2015. Evaluation of the safety, immunogenicity and efficacy of three capripoxvirus vaccine strains against lumpy skin disease virus [J]. Vaccine, 33 (2015): 3256–3261.

Gari G., Biteau-Coroller F., Le Goff C., Caufour P. & Roger F., 2008. Evaluation of indirect fluorescent antibody test (IFAT) for the diagnosis and screening of lumpy skin disease using Bayesian method [J]. Vet. Microbiol., 129 (3-4): 269–280.

Gelaye E., Lamien C.E., Silber R., Tuppurainen E.S.M., Grabherr R. & Diallo A., 2013. Development of a cost-effective method for capripoxvirus genotyping using snapback primer and dsDNA intercalating dye [J]. PLoS One, 8 (10): e75971.

Gelaye E., Belay A., Ayelet G., Jenberie S., Yami M., Loitsch A., Tuppurainen E., Grabherr R., Diallo A. & Lamien C.E., 2015. Capripox disease in Ethiopia: genetic differences between field isolates and vaccine strain, and implications for vaccination failure [J]. Antiviral Res., 119: 28-35.

Gelaye E., Mach L., Kolodziejek J., Grabherr R., Loitsch A., Achenbach J.E., Nowotny N., Diallo A. & Lamien C.E., 2017. A novel HRM assay for the simultaneous detection and differentiation of eight poxviruses of medical and veterinary importance [J]. Sci. Rep., 7: 42892.

Haegeman A., Zro K., Vandenbussche F., Demeestere L., Campe W., Van Ennaji M.M. & De Clercq K., 2013. Development and validation of three Capripoxvirus real-time PCRs for parallel testing [J]. J. Virol. Methods, 193 (2): 446–451.

Ireland D.C. & Binepal Y.S., 1998. Improved detection of capripoxvirus in biopsy samples by PCR [J]. J. Virol. Methods, 74 (1): 1–7.

Lamien C.E., Le Goff C., Silber R., Wallace D.B., Gulyaz V., Tuppurainen E., Madani H., Caufour P., Adam T., El Harrak M., Luckins A.G., Albina E. & Diallo A., 2011a. Use of the Capripoxvirus homologue of Vaccinia virus 30 kDa RNA polymerase subunit (RPO30) gene as a novel diagnostic and genotyping target: Development of a classical PCR method to differentiate goat poxvirus from sheep poxvirus [J]. Vet. Microbiol., 149 (1-2): 30–39.

Lamien C.E., Lelenta M., Goger W., Silber R., Tuppurainen E., Matijevic M., Luckins A.G. & Diallo A., 2011b. Real time PCR method for simultaneous detection, quantitation and differentiation of capripoxviruses [J]. J. Virol. Methods, 171 (1): 134–140.

Le Goff C., Lamien C.E., Fakhfakh E., Chadeyras A., Aba-Adulugba E., Libeau G., Tuppurainen E., Wallace D.B., Adam T., Silber R., Gulyaz V., Madani H., Caufour P., Hammami S., Diallo A. & Albina E., 2009. Capripoxvirus G-protein-coupled chemokine receptor: a host-range gene suitable for virus animal origin discrimination [J]. J. Gen. Virol., 90: 1967–1977.

Menasherow S., Erster O., Rubinstein-Giuni M., Kovtunenko A., Eyngor E., Gelman B., Khinich E. & Stram Y., 2016. A high-resolution melting (HRM) assay for the differentiation between Israeli field and Neethling vaccine lumpy skin disease viruses [J]. J. Virol. Methods, 232: 12–15.

Menasherow S., Rubinstein-Giuni M., Kovtunenko A., Eyngor Y., Fridgut O., Rotenberg D.,

Khinich Y. & Stram Y., 2014. Development of an assay to differentiate between virulent and vaccine strains of lumpy skin disease virus (LSDV) [J]. J. Virol. Methods, 199: 95–101.

OIE (World Organisation for Animal Health), 2016. Lumpy skin disease. OIE Manual of Diagnostic Tests Vaccines Terr. Animals, 1–14 [EB]. Available at: http://www.oie.int/fileadmin/Home/eng/ Health_standards/tahm/2.04.13_LSD.pdf .

Stubbs S., Oura C.A.L., Henstock M., Bowden T.R., King D.P. & Tuppurainen E.S.M., 2012. Validation of a high-throughput real-time polymerase chain reaction assay for the detection of capripoxviral DNA [J]. J. Virol. Methods, 179 (2): 419–422.

Tuppurainen E.S.M., Venter E.H. & Coetzer J.A.W., 2005. The detection of lumpy skin disease virus in samples of experimentally infected cattle using different diagnostic techniques [J]. Onderstepoort J. Vet. Res., 72 (2): 153–164.

联合国粮食及农业组织 (FAO)《动物生产及卫生准则》

1. Small-scale poultry production, 2004 (En, Fr)
2. Good practices for the meat industry, 2004 (En, Fr, Es, Ar)
3. Preparing for highly pathogenic avian influenza, 2007 (En, Ar, Es[e], Fr[e], Mk[e])
3. Revised version, 2009 (En)
4. 野生鸟类高致病性禽流感监测, 2007 (En, Fr, Ru, Ar, Ba, Mn, Es[e], Zh[e], Th)
5. Wild birds and avian influenza – An introduction to applied field research and disease sampling techniques, 2007 (En, Fr, Ru, Ar, Id, Ba)
6. Compensation programs for the sanitary emergence of HPAI-H5N1 in Latin American and the Caribbean, 2008 (En[e], Es[e])
7. The AVE systems of geographic information for the assistance in the epidemiological surveillance of the avian influenza, based on risk, 2009 (En[e], Es[e])
8. Preparation of African swine fever contingency plans, 2009 (En, Fr, Ru, Hy, Ka, Es[e])
9. 饲料工业良好规范手册, 2012 (En, Zh, Fr, Es, Ar)
10. Epidemiología Participativa – Métodos para la recolección de acciones y datos orientados a la inteligencia epidemiológica, 2011 (Es[e])
11. 良好应急管理实践：必要因素 — 动物卫生突发事件准备指南, 2014 (En, Fr, Es, Ar, Ru, Zh, Mn**)
12. Investigating the role of bats in emerging zoonosese – Balancing ecology, conservation and public health interests, 2011 (En)
13. Rearing young ruminants on milk replacers and starter feeds, 2011 (En)
14. Quality assurance for animal feed analysis laboratories, 2011 (En, Fr[e], Ru[e])
15. Conducting national feed assessments, 2012 (En, Fr)
16. Quality assurance for microbiology in feed analysis laboratories, 2013 (En)
17. Risk-based disease surveillance – A manual for veterinarians on the design and analysis of surveillance for demonstration of freedom from disease, 2014 (En)
18. Livestock-related interventions during emergencies – The how-to-do-it manual, 2016 (En)
19. 非洲猪瘟：发现与诊断, 2018 (En, Zh, Ru, Lt, Sr, Sq, Mk, Es**)
20. 结节性皮肤病 — 兽医实用手册, 2020 (En, Ru, Sq, Sr, Tr, Mk, Uk, Ro, Zh)
21. Rift Valley Fever Surveillance, 2018 (En, Fr, Ar**)
22. African swine fever in wild boar ecology and biosecurity, 2019 (En, Ru**, Fr**, Es**, Zh**, Ko**)
23. Prudent and efficient use of antimicrobials in pigs and poultry, 2019 (En, Ru, Fr**, Es**, Zh**)

可获得日期：2020 年 4 月

Ar – 阿拉伯文	Ko – 韩文	Sr – 塞尔维亚文	Multil – 多文种
Ba – 巴什基尔文	Lt – 立陶宛文	Th – 泰文	*停止印刷
En – 英文	Mk – 马其顿文	Tr – 土耳其文	**准备出版
Es – 西班牙文	Mn – 蒙古文	Uk – 乌克兰文	[e]电子版
Fr – 法文	Pt – 葡萄牙文	Zh – 中文	
Hy – 亚美尼亚文	Ro – 罗马尼亚文		
Id – 印尼文	Ru – 俄文		
Ka – 格鲁吉亚文	Sq – 阿尔巴尼亚文		

粮农组织动物生产及卫生准则可通过粮农组织授权的销售代理或直接从粮农组织市场营销组获得，地址：Viale delle Terme di Caracalla, 00153 Rome, Italy.

联合国粮食及农业组织 (FAO)《动物卫生手册》

1. Manual on the diagnosis of rinderpest, 1996 (En)

2. Manual on bovine spongifom encephalophaty, 1998 (En)

3. Epidemiology, diagnosis and control of helminth parasites of swine, 1998 (En)

4. Epidemiology, diagnosis and control of poultry parasites, 1998 (En)

5. Recognizing peste des petits ruminant – a field manual, 1999 (En, Fr)

6. 国家突发动物疫情应急预案准备手册, 1999 (En, Zh)

7. Manual on the preparation of rinderpest contingency plans, 1999 (En)

8. Manual on livestock disease surveillance and information systems, 1999 (En)

9. Recognizing African swine fever – a field manual, 2000 (En, Fr)

10. Manual on participatory epidemiology – method for the collection of action-oriented epidemiological intelligence, 2000 (En)

11. Manual on the preparation of African swine fever contigency plans, 2001 (En)

12. Manual on procedures for disease eradication by stamping out, 2001 (En)

13. Recognizing contagious bovine pleuropneumonia, 2001 (En, Fr)

14. Preparation of contagious bovine pleuropneumonia contingency plans, 2002 (En, Fr)

15. Preparation of Rift Valley Fever contingency plans, 2002 (En, Fr)

16. Preparation of foot-and-mouth disease contingency plans, 2002 (En)

17. Recognizing Rift Valley Fever, 2003 (En)

可从下列网址查找更多出版物
http://www.fao.org/ag/againfo/resources/en/publications.html

图书在版编目（CIP）数据

结节性皮肤病/联合国粮食及农业组织编；农业农村部畜牧兽医局，中国动物卫生与流行病学中心组译；宋建德，刘陆世主译. —北京：中国农业出版社，2020.4

ISBN 978-7-109-26554-7

Ⅰ.①结… Ⅱ.①联… ②农… ③中… ④宋… ⑤刘… Ⅲ.①动物疾病-皮肤病-结节病-诊疗 Ⅳ.①S857.5

中国版本图书馆CIP数据核字（2020）第021713号

中国农业出版社出版

地址：北京市朝阳区麦子店街18号楼

邮编：100125

责任编辑：刘 伟 黄向阳

版式设计：王 晨 责任校对：吴丽婷

印刷：北京通州皇家印刷厂

版次：2020年4月第1版

印次：2020年4月北京第1次印刷

发行：新华书店北京发行所

开本：787mm×1092mm 1/16

印张：4

字数：90千字

定价：60.00元
